水知识趣读

（9-12岁）

王 浩 主编

甘 泓　张海涛　周又红　副主编

科学普及出版社
·北京·

图书在版编目（CIP）数据

水知识趣读. 9-12岁 / 王浩主编；甘泓，张海涛，周又红副主编. -- 北京：科学普及出版社，2022.11（2024.7重印）
ISBN 978-7-110-10474-3

Ⅰ. ①水… Ⅱ. ①王… ②甘… ③张… ④周… Ⅲ. ①水—少儿读物 Ⅳ. ①P33-49

中国版本图书馆CIP数据核字(2022)第129364号

策划编辑	邓　文
责任编辑	白李娜
图文设计	金彩恒通
责任校对	张晓莉
责任印制	徐　飞

出　　版	科学普及出版社
发　　行	中国科学技术出版社有限公司
地　　址	北京市海淀区中关村南大街16号
邮　　编	100081
发行电话	010-62173865
传　　真	010-62173081
网　　址	http://www.cspbooks.com.cn

开　　本	720毫米×1000毫米　1/16
字　　数	100千字
印　　张	5.25
版　　次	2022年11月第1版
印　　次	2024年7月第2次印刷
印　　刷	北京世纪恒宇印刷有限公司
书　　号	ISBN 978-7-110-10474-3/P・232
定　　价	39.80元

（凡购买本社图书，如有缺页、倒页、脱页者，本社销售中心负责调换）

编 委 会

主　　编：王　浩

副 主 编：甘　泓　张海涛　周又红

顾　　问：陈传友　谢森传　贺伟程

编　　委：（按姓氏笔画排列）

　　　　　王　浩　王　琳　王国新　甘　泓　刘　可
　　　　　刘　平　刘　斌　刘永攀　严登华　杜　梅
　　　　　李　戈　李　岗　李保国　李雪萍　吴浓娣
　　　　　谷丽雅　张海涛　张鸿星　陈桂芳　罗　琳
　　　　　周又红　郝　钊　贾仰文　贾绍凤　徐　岩
　　　　　高　菁　彭　希　游进军　管恩宏　谭徐明
　　　　　翟立原　M.Nicolo　M.Jayakumar

本册作者：周又红　闫莹莹　张海涛　韩　静　马　兰
　　　　　李　岗　张长军　褚文莉　杜文丽　姚　峰
　　　　　赵　溪　孟　圆　侯利伟

插画设计：何　靖

排版设计：何　靖　杜　榕

序

水是生命之源，是地球表层的自然环境与各种生态系统相互作用、相互演变的控制性因素。水也是人类文明的基础性资源。在全球人口不断增长的情况下，水已成为各国经济发展的战略性资源。必须以水资源的可持续利用保障社会经济的可持续发展，已成为当今世界各国的共识。

经过长期奋斗，我国以占全球约5%的可更新水资源、9%的耕地，保障了占全球19%人口的温饱和经济发展。但是，在未来的发展中，我国的水资源能否支持未来人口的食物供应和社会经济的可持续发展，仍是全世界瞩目的问题。

一方面人多水少，另一方面用水效率不高，这是我国的基本水情。至今，我国每立方米水的产出，仍明显低于发达国家。水质污染，更加剧了水资源的供需矛盾。因此，建设节水防污型社会，是我国建设资源节约型、环境友好型社会的一个重要内容，是贯彻落实科学发展观的一个重要任务。建设节水防污型社会的核心是提高用水效率，这是一场革命，需要全社会各个方面的推动和协作。

积极开展水教育活动，转变公众的用水观念，是提高用水效率的一个根本举措。因此，水教育行动计划是一个非常有意义的项目，对普及水科学知识、提高全民"知水、爱水、节水、护水"意识和能力、建设节水防污型社会，以至宣传人与自然和谐发展的理念方面，都有很大的推动作用。现在，经过所有项目参与单位的共同努力和项目组全体同志的辛勤工作，作为项目重要成果之一，集普适性和针对性为一体的水教育系列读本就要面世了，这是我国水教育和水文化事业的一个创举，也是水利界在落实科学发展观中的一个创举。希望同仁们继续努力，有计划、有步骤地展开相关领域的研究工作，不断取得更新、更大的成绩！

特为之序。

2008.6-6

前　言

　　水孕育了生命，滋养了人类，支撑着社会进步和经济发展。人类一直为生活在这个水储量十分丰富的"水球"上而自豪，因为地球71%的表面积覆盖着水，陆地面积仅占29%。但是后来人类发现，我们能够利用的淡水资源仅占地球水量的0.5%，地球上因水资源短缺、水污染而产生的"环境难民"的数量早就超过了战争难民数量。事实上地球这个以"水球"自居的星球早就开始了"水荒"。

　　我国是世界上人口最多的国家，约占世界的1/5。我国淡水的拥有量却不到全球淡水总量的2%。我国人均水资源量仅为世界平均水平的1/4，而且还分布不均。可以说，我国水资源供需矛盾一直存在，且态势严峻，节约和保护有限的水资源是我国可持续发展中的重大问题，未来充满了挑战。

　　公众是节约和保护水资源的主体，面向公众开展水知识教育活动势在必行。特别是对青少年开展水教育，引导他们学习水知识，培养节水意识，号召大家积极参加"节水、护水、爱水"的行动等对建立和谐社会具有非常重大的意义。

　　为广泛推广水教育，应对未来水问题，本套丛书由王浩院士领衔，一批从事水资源研究的专家、学者及从事一线科普教育的资深教师历时六年精心雕琢而成。丛书聚焦一系列与水相关的议题，是一套科学全面、妙趣横生、新颖活泼的丛书。这套丛书分为5—8岁、9—12岁、13—18岁三个年龄段，具有较强的趣味性、知识性和实践性。

　　（1）趣味性：书中从水的基本性质入手，设计了丰富的游戏和实验，例如一枚硬币上究竟能滴几滴水、制作水滴放大镜、有关水的成语接龙等，都体现了本书较强的趣味性。

（2）知识性：书中介绍了我国悠久的水文化、水历史，例如大禹治水、都江堰等脍炙人口的故事；介绍了我国长江、黄河、珠江、海河、淮河等重要河流的特点；也包含了节约用水、保护水资源、现代水利、应对水问题等策略性的知识。

（3）实践性：本书不但设计了实验来锻炼青少年在室内的动手动脑能力，而且也设计了到野外调查水利工程、采集水样、到市民家里了解水价格等具有较强实践意义的活动，与大力倡导的素质教育紧密结合。

这套丛书的第一版于2008年问世，已在国内开展过100多次水知识课堂培训，在北京黄城根小学、二里沟小学、北京八中等200多所中小学得到应用和推广，多次在"世界水日"、"中国水周"等重大活动中使用和宣传，已成为国内开展水教育活动的优秀成果。

2021年在联合国教科文组织东非办事处的支持下，中国水利水电科学研究院将本套丛书翻译成英文等多个语种，把这部丛书分享给其他国家和地区的师生进行水教育活动，提高外国青少年的水知识素养。

面对水问题和水危机，让我们携起手来推广、普及水科学知识，积极投入到节约和保护水资源的行动中，使我们的河流更清澈，我们的家园更美丽，人类的生活更幸福！知水、爱水、节水、护水，我们在行动！

编委会
2022年10月

小水滴

水滴爸爸

水滴爷爷

水滴妹妹　　水滴妈妈

目 录

第一章　五彩缤纷水世界……1

第二章　巧夺天工都江堰……9

第三章　水多水少人烦恼……17

第四章　脏水污水往哪儿跑？……27

第五章　非自来的自来水……39

第六章　可以留住的降水……47

第七章　淡水黄金孰珍贵？……55

第八章　节水护水我行动……63

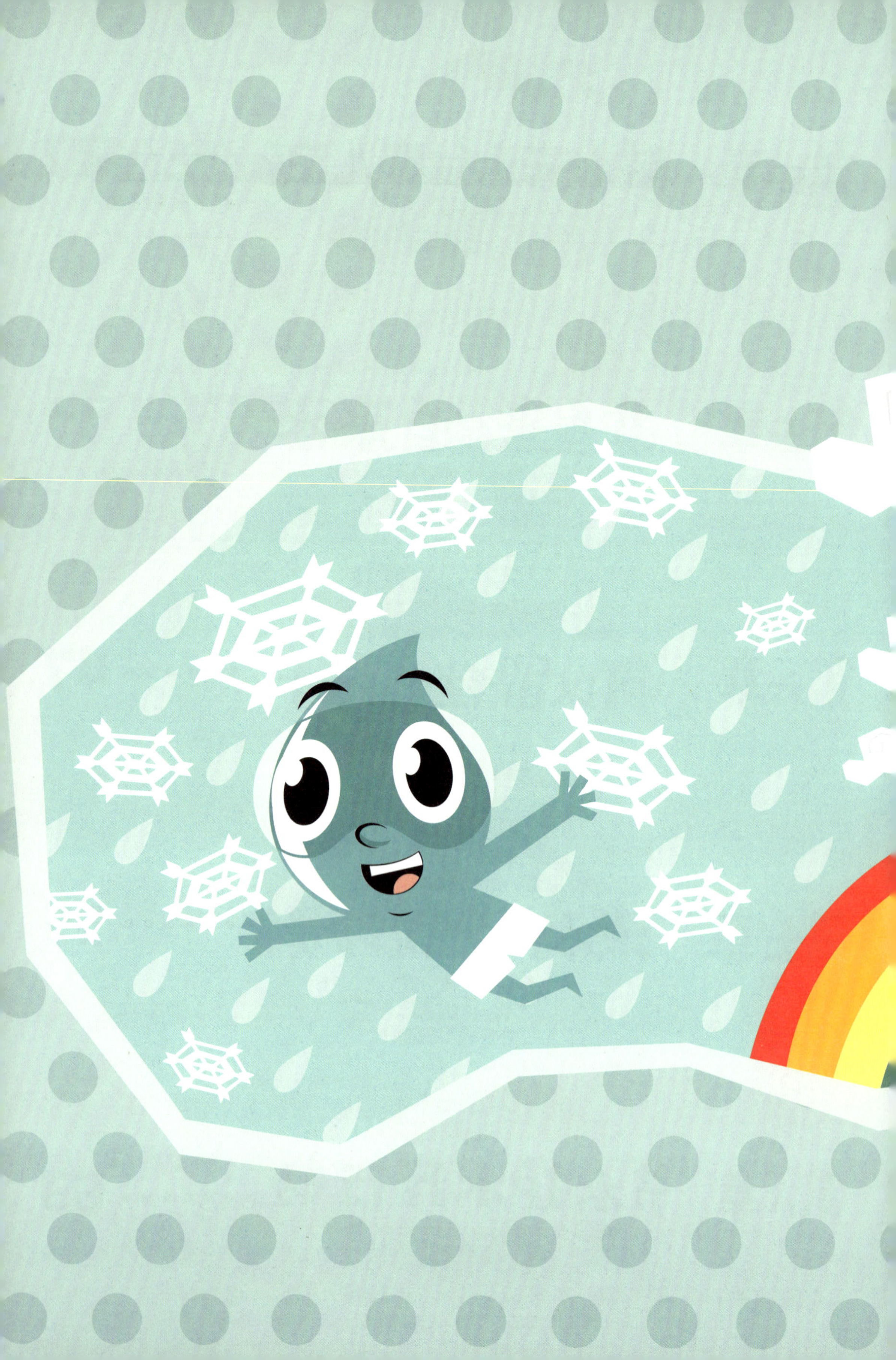

第一章
五彩缤纷水世界

- 古今水谈　**水利与文明**
- 科学实验　**原始人建家园**
- 实践活动　**汉字中的水**
- 传奇故事　**梅花上的雪**

第一章 水利与文明

古今水谈

四大古国历史长，
水利文明国富强；
埃及印度巴比伦，
中华民族谱新章。

非洲大陆尼罗河，
古埃及人盼水涨；
苦观天象勤祈祷，
但愿年年粮满仓。

南亚大陆文明扬，
古印度人灌溉忙；
恒河沐浴心意诚，
祈求神灵降吉祥。

西亚两河流域旁，
空中花园奇迹现；
自然因素不可抗，
水利消失文明亡。

大禹治水划九州，
江淮河汉得安康；
郑国都江灵渠建，
水利造福业辉煌。

埃及人观天象

恒河沐浴

大禹治水

苏美尔人在祈祷

你能根据上面的诗歌，找到四大文明古国吗？它们分别在什么流域周边？为什么会这样？

世界文明古国有（　　）、（　　）、（　　）、（　　）。
所在的流域分别是（　　）、（　　）、（　　）、（　　）。

五彩缤纷水世界

科学实验

同学们，你知道原始人是怎样建设自己的家园的吗？让我们做个游戏来了解一下吧！

材料 蜡纸、笔、一小杯水。

步骤
1. 在蜡纸上标出你准备建家园的地点，如 A 点、B 点、C 点……
2. 用手将纸揉皱，再轻轻展开放在桌上，要保持纸面坑洼不平的形状。
3. 将杯中的水轻轻倒在蜡纸上。

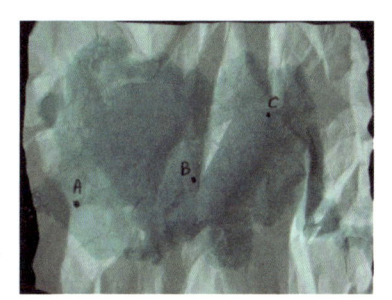

你原定的家园在什么位置？

这个位置适不适合古人生存？古人希望建在什么位置上？

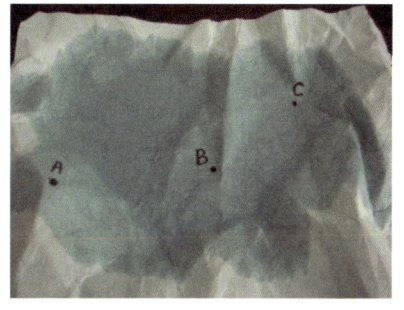

看看哪个同学选的位置能体现古人与水和谐共处的智慧。

原始人建家园

第一章 实践活动

汉字中的水

多词一意

中国的汉字表意丰富，博大精深。有一些著名的水体，是水却不见"水"字，让我们来看看都有哪些呢？请把正确的搭配用线连接起来吧！

罗布	池
芦花	海
白洋	泊
纳木	错
达来	湖
什刹	荡
日月	泉
天	淀
月亮	泡
鄱阳	诺尔
趵突	潭

白洋淀

日月潭

什刹海

纳木错

五彩缤纷水世界

同学们,刚才这个游戏有趣吧!我们一下子游览了这么多的祖国名胜。可是你知道那些与"水"有关的字是怎么形成的吗?你还能找到哪些?它们在古代象形文字中又是什么样子呢?

古人造字

想想这些古代象形文字都对应现在的什么字?你能想象古人当时是根据什么造这些字的吗?

画图猜字

我们来做一个游戏,体会一下古人造字的过程。

请同学们每人画一幅谜语画,要求画中不能出现"水"字,但是有水的含义。例如可以有江、溪、海、湖、涧、沟、渠、瀑、洼、湿、汪、淹、河、沙、酒、洪等形象。

请同学们将画收集在一起,再打乱顺序发下去,请同学们都猜一猜自己手中的画所表达的是哪个与水有关的字。也可以将全部的画挂起来,让参加活动的同学来猜,看谁猜出来的最多。最后,再请每位同学说一说自己的创作意图。

第一章

传奇故事

梅花上的雪

在中国灿如瑰宝的文学名著中，不乏与水有关的趣闻典故。譬如，中国四大经典文学名著之一——《红楼梦》第四十一回"贾宝玉品茶栊翠庵，刘姥姥醉卧怡红院"中，贾母、刘姥姥等一众来客在栊翠庵歇脚停留，其间围绕用何种水泡出的茶更香甜细细品鉴了一番。想不到吧？曾经，从天而降的雨水和雪水竟如此清纯洁净，引得这些名门贵客频频称赞呢！

五彩缤纷水世界

刘姥姥在逛完大观园后，跟着贾母、黛玉、宝钗、宝玉等来到栊翠庵。妙玉迎了出来。贾母说，我们不往里走了，就在你这歇会儿，讨你一杯茶吃，马上就走。

妙玉用"旧年的雨水"泡茶，大家觉得味道很好。

妙玉又把黛玉和宝钗单独请到她的屋里，宝玉也跟了来。妙玉另泡一壶茶，黛玉觉得这回吃的茶味道更好，以为还是旧年的雨水。

妙玉说，"你怎么尝不出这个水来？旧年的雨水哪有这样清醇？"

"你喝的这个是我五年前去玄墓蟠香寺时，冬天从梅花瓣上扫下来的雪。那么多花瓣上的雪总共扫了一小瓮。埋在地下五年了，今天特意拿出来待客的。"

古人取雪水泡茶。现代人如果想保存水，应该怎么做？请同学们想一想。

8

第二章
巧夺天工都江堰

都江堰

- 古今水谈　都江堰水利工程
- 传奇故事　木兰陂趣谈
- 科学实验　动手筑个坝
- 实践活动　寻找身边的水利工程

第二章 古今水谈

都江堰水利工程

公元前256年，李冰父子主持修建的都江堰水利工程，消除了岷江的水旱灾害，使成都平原成了"天府之国"。

都江堰工程主要由鱼嘴、飞沙堰、宝瓶口三大部分构成。

都江堰工程充分地利用了当地的自然条件，巧妙地设计了鱼嘴型的分水建筑物。鱼嘴能够根据来水的多少，自动地把岷江水按比例分到内江和外江。

春天岷江水流量小，内江灌区正值春耕，需要灌溉。这时岷江主流在鱼嘴处一分为二，约六成（60%）水直入内江，以保证灌溉用水，约四成（40%）水流入外江；洪水季节，二者比例又自动颠倒过来，四成进入内江，六成进入外江，使灌区不受水灾。这可都是鱼嘴起的作用。

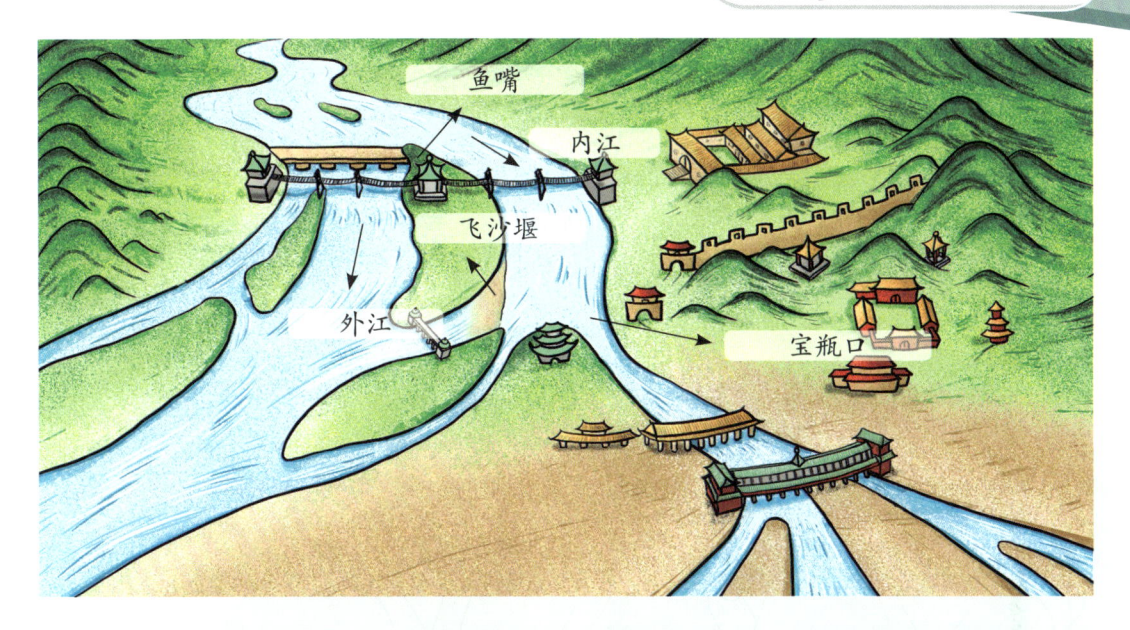

巧夺天工都江堰

岷江水流入内江后,水流进宝瓶口,顺应西北高、东南低的地势倾斜,形成自流灌溉渠系,灌溉成都平原。飞沙堰在枯水期把大量泥沙驻留在这里,确保水流能顺利地从比较狭窄的宝瓶口流过;在丰水期水流速度增大,水位高出飞沙堰,因此大水能够携带着大量的泥沙冲向外江,确保宝瓶口的水流畅通,对下游进行灌溉。

宝瓶口是挖穿玉垒山所开出来的渠道,由此处将岷江的水引到农田进行灌溉。你知道古人在没有炸药的时候,是怎么挖穿玉垒山的吗?他们用火烧玉垒山上的石头,把石头烧到通红之后,再向石头上浇水。在一冷一热的作用下,坚硬的石头就炸裂了。如此坚持干下去,大山终于被人凿开一个大缺口。看,我们的祖先多聪明啊!

开挖玉垒山

清明放水节是都江堰市的民间习俗。在农历二十四节气的清明这一天,在都江堰渠首鱼嘴分水工程处,举行砍断连接杩槎(mà chá)的竹索,使外江水流入经岁修后的内江。杩槎是圆木扎成的三脚架,多个连接起来,内置石块,外铺竹席并培土后,可以起挡水的作用。

岁修——每年按计划进行整修、养护

第二章

传奇故事 古人筑陂 巧修水利 木兰陂趣谈

我国自古就是一个重视农耕的国家，会投入大量的人力、物力来兴修水利。这些水利工程既可以推动农业生产的发展，也可以扩大运输，加快物资流转，发展商业，促进整个社会经济繁荣。

木兰陂（bēi）是古代著名的御咸蓄淡灌溉工程，位于福建省莆田市木兰溪上。北宋治平四年（1067年）由钱四娘主持修建。木兰陂既可以防御海潮，又可以蓄水灌溉。

古人重视农耕，兴修水利。

福建莆田地区雨季受到木兰溪上游洪水的威胁，无雨时又会干旱，因此民不聊生。

钱四娘自己出钱带领大家兴建可以蓄水的木兰陂，修到一半的时候没有钱了。

钱四娘非常着急，为了买石料到处想办法筹钱，但是非常困难。

传说，钱四娘的行为感动了上天，满山遍野的羊群全变成了石头。

实际上是在钱四娘精神的鼓舞下，乡亲们总结多次失败的经验，不断筹款，历时16年才建成。

巧夺天工都江堰

动手筑个坝

科学实验

水坝是跨溪流、河流或河口建造的用于储水的建筑物。水坝可以发挥防洪、灌溉、供水、发电、航运、旅游、水产养殖等功能。

我国的水资源总量丰富，但分布不均，夏季降水多、冬季降水少。有的年份降水多，容易造成洪涝灾害；有的年份降水少，容易出现旱灾。所以，我们需要建设一些水库用来蓄水，解决水的分布不均问题。

水利工程似乎离我们比较远，为了能让大家了解其中的原理，我们一起来动手做一做、比一比，建一个自己的小水坝吧。

材料 手工泥、装水的容器、泥沙

手工泥制作水库模型

1. 用手工泥捏成一个微型水库的最初外形，在大坝位置留出缺口。

2. 制作大坝。

3. 在模型水库的大坝位置缺口上安装大坝。

4. 对制作的模型水库进行最后的修饰，把接缝处粘牢。将沙土均匀地撒在手工泥作品上，使其显得更加逼真。

5. 向水库里灌水，使水库蓄水。

6. 在完成之后一定要进行漏水检测，保证大坝的牢固。

古老的水车

古人除修建水坝外，还发明了很多水利设施来充分利用水。像专门为了农业生产而产生的水车、辘轳等工具。

第二章

实践活动：寻找身边的水利工程

> 我们看了都江堰，赏了木兰陂，那么，你的家乡有没有水利工程呢？

途径一　寻找历史上与水利工程相关的人物和故事

许多历史人物都和水有关：大禹、黄帝、苏轼、杜甫……如果你能讲得出他们的传说或历史故事，那么就能发现他们身上有很多和水利相关的故事。

大诗人苏轼在杭州为官时，曾组织人员清除了西湖的淤泥，使西湖的水更清澈。

京杭大运河是自北京起，途经河北、天津、山东、江苏、浙江5省（直辖市），至杭州止的人工河道。它连通了海河、黄河、淮河、长江和钱塘江五大水系，全长近1800千米，是中国古代南北交通的主要通道。

请同学们去了解一下京杭大运河的历史吧！它可有许多故事等着你们去发掘呀！

京杭大运河

途径二 走访历史遗迹，探寻水利工程

巧夺天工都江堰

坎儿井

在吐鲁番盆地北部的博格达山和西部的喀拉乌成山，春夏时节会有大量融化的积雪和雨水流入山谷，潜入戈壁滩下。人们利用山的坡度，巧妙地创造了坎儿井，引地下潜流灌溉农田。吐鲁番的坎儿井总数近千条，全长约5000千米。

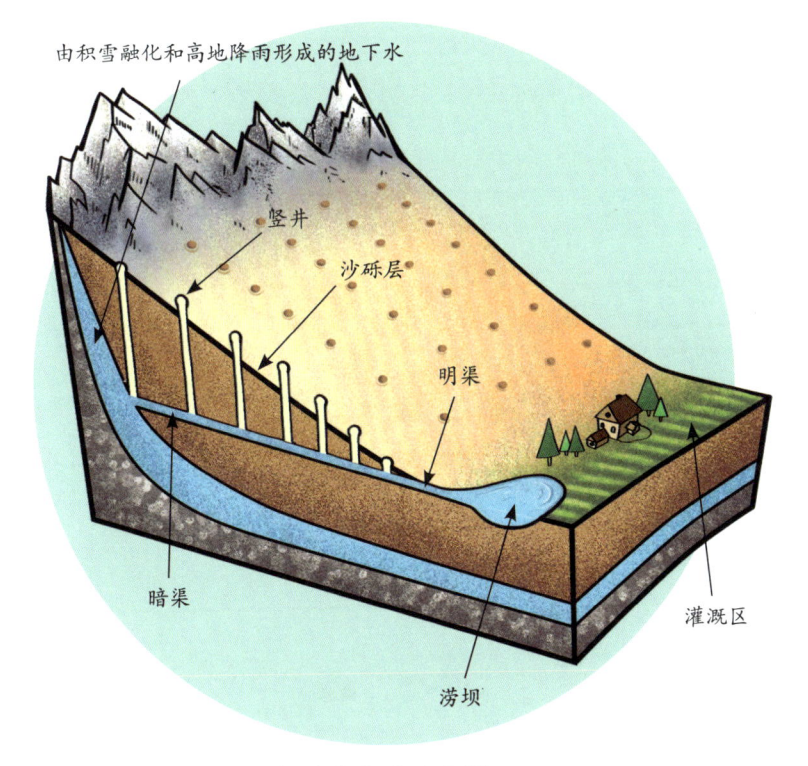

坎儿井是一种结构巧妙的特殊灌溉系统。它由竖井、暗渠、明渠和涝坝（一种小型蓄水池）四部分组成。竖井的深度和井与井之间的距离，一般都是越向上游竖井越深，间距越长；越往下游竖井越浅，间距也越短。竖井是为了通风和挖掘、修理坎儿井时提土用的。暗渠的出水口和地面的明渠连接，可以把几十米深处的地下水引到地面上来。

新疆坎儿井示意图
（标注：由积雪融化和高地降雨形成的地下水、竖井、沙砾层、明渠、暗渠、涝坝、灌溉区）

坎儿井的清泉浇灌滋润吐鲁番的大地，使火洲戈壁变成绿洲良田，生产出驰名中外的瓜果、粮食、棉花、油料等。现在，尽管吐鲁番已新修了大渠、水库，但是，坎儿井在现代化建设中仍发挥着生命之泉的作用。

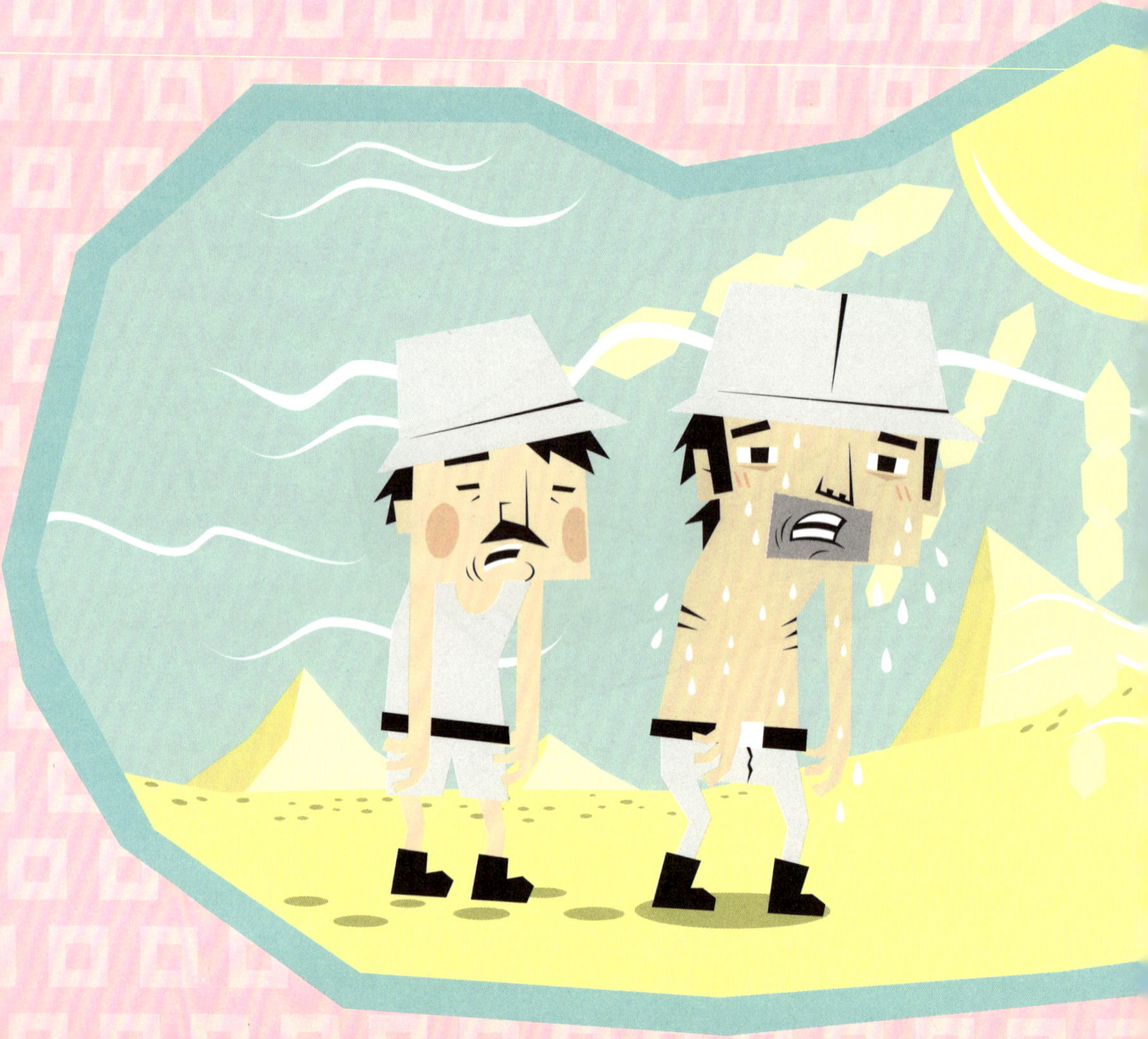

第三章
水多水少人烦恼

- **古今水谈** 水多水少人烦恼
- **小品表演** 感恩南水北调工程
- **实践活动** 参与"母亲水窖"活动
- **传奇故事** 水官龙王

第三章

古今水谈

生物界离不开水，但是水过多也会给生物带来危害。不管在西方还是东方历史上，都能寻找到洪水的身影。人类不断地经历着洪水的困扰。洪峰扫荡过的地方，良田埋在泥石下，沃野成了不毛之地。

水多水少 人烦恼

从古至今，中国经历了不少次洪水。洪水影响范围广、持续时间长，洪涝灾害严重。但是，长时间缺水，也同样饱受煎熬。处于太行山南端的林县（现为林州市），曾有这样一首民谣广为流传：

"咱林县，真可怜，光秃山坡旱河滩。雨大冲得粮不收，雨少旱得籽不见。一年四季忙到头，吃了上碗没下碗。"

水多水少人烦恼

据林县县志记载：从明正统元年（1436年）到新中国成立（1949年）的514年中，林县因大旱造成农作物绝收30多次。旱灾导致河干井涸，民不聊生。因为缺水，全县一半以上的人常年翻山越岭跑到几十里外的地方挑水吃。这里的人们盼水盼到给孩子起名字都要带上水字：金水、银水、甜水。

红旗渠

林县北部有一条漳河，水量比较丰富，但是由于崇山峻岭的阻隔，让林县人望水兴叹。20世纪60年代初，林县人全部动员起来，整整苦干10个春秋，逢山凿洞，遇沟架桥，终于修建成了如今驰名中外的"红旗渠"，把漳河水引到了林县。

第三章 感恩南水北调工程

小品表演

新闻里经常报道，这里旱了，那里涝了。难道不能把这边多余的水给那边没有水的地方用吗？让我们通过表演小品来了解一些事情吧。

请大家根据下面的提示，试着创作一段小品或一个故事，希望作品能表达出人们对南水北调工程的情感。

有一年，我国北方地区持续干旱，一些水库也没有水了。大片土地干裂，母亲河——黄河也断流了。许多地区连自来水都无法供应了。

与此同时，南方长江流域连日暴雨，江水泛滥。许多村镇被洪水包围，受灾的人们在孤岛上等待救援。

北方没有水，南方的水又多得成了灾。能不能把长江的水调到黄河呢？从南方的长江流域到北方的黄河、海河流域，远隔千山万水，调水可不是一件容易的事情。

水多水少人烦恼

最终，经过水利专家的认真研究，努力争取，终于克服重重困难，修建了几千千米的输水管线，把水从南方引到了北方。北方的河里又有水了，鱼儿在河里嬉戏。田地里的作物生长茂盛。缺水地区的水龙头里又流出了自来水。

北方某希望小学的师生喝到了南方的水，甜在嘴里，喜在心头。当他们得知为了修建南水北调工程，南方一些地区的群众做出了许多牺牲，有的人还离开了祖祖辈辈生活的家乡，移民到别的地方。老师和同学打算开展一个感恩南水北调行动。大家一起出主意，想出了许多好建议。

向社会发出倡议，呼吁珍惜来之不易的水。

给南水北调工程相关地区的学校师生写信，建立友好关系学校。

用班级里卖废品的钱在南水北调工程沿线种一片绿地。

……

第三章

实践活动

参与"母亲水窖"活动

中国自古就有利用水窖收集降水的做法。传统的水窖，是在地下挖一个梨状洞穴，然后用黏土将洞壁抹平以防渗水。

水窖能解决农村（特别是西部缺水地区）的人畜饮水问题。中国黄土高原就有很多的水窖。但是，西部地区的人们生活非常艰苦，他们甚至没有钱修建水窖。

不知道你平时注意到没有，在很多公共场所都能看到这样一幅公益宣传画：一位穿着红衣服的小女孩，拿着水勺挎着一个铁桶，眼神悲伤，画的背景是干裂的土地。面对这幅宣传画，你是否会觉得每天能喝上干净的水是件幸福的事呢？生活在城市里的人们也许不会想到，水是多么重要！

在西部农村，一些农民一生最大的梦想就是能喝上一口甘甜的清水，那里的农民因为缺水而贫困。农民把许多精力花在了找水、运水上。现在，那里的青壮劳力都外出去打工，运水的担子就落在了妇女和儿童身上，他们要跑到十几里甚至几十里外去运水。

小水滴西部采访录

22

水多水少人烦恼

夏天，我和妈妈挑水回来，沉重的水压得我和妈妈冒了一身热汗。

寒冷的冬天，我和妈妈也要去挑水，尤其遇上大风天时，我和妈妈的手被冻得青一块紫一块的。

我们已经半个月没洗脸了。得知小水滴要来采访，今天多倒了些水洗脸，我洗完，妈妈再洗，然后用水喂羊。

家里没有能喝的水了，我下到快干了的井里，从壁上刮下来一点儿，水很苦。

我往水里加了糖，小水滴，你凑合喝吧。

小水滴流着眼泪把这碗来之不易的水喝了下去。

在回来的路上，小水滴想：如果能让老乡都喝上干净水，那有多好啊！

如今，我们新建了农村集中供水设施，让偏远地区的人们都喝到了干干净净的自来水。

第三章

传奇故事

中国含"龙"字的江河，可查的就有四十多个，如黄龙河（四川省）、青龙河和赤龙河（河北省）、青龙湾河和黑龙港河（天津市）、白龙江（甘肃省）、白龙港河（上海市）和黑龙江（黑龙江省），其他还有龙江、龙湖、龙山、龙洞、龙泉、龙潭，以及数不清的龙王庙。

水官龙王

中国传说中的龙王被认为是主宰降水的神。

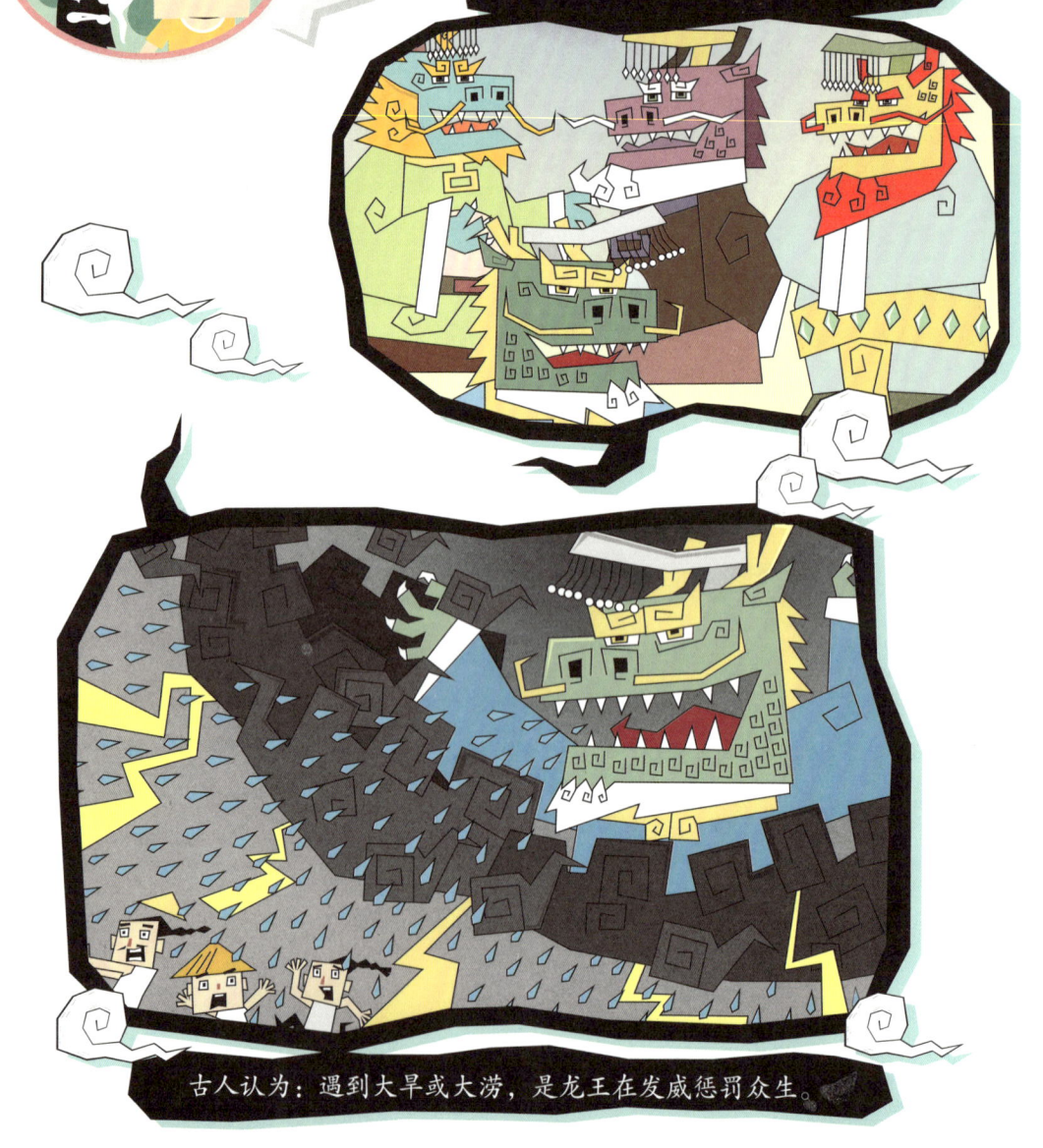

古人认为：遇到大旱或大涝，是龙王在发威惩罚众生。

水多水少人烦恼

某年闹旱灾,村民去龙王庙供拜、求雨。

当突然下雨时,老百姓会用很多的容器接水,还对龙王感激涕零,龙王庙的香火也因此更旺了。

不仅如此,中国的很多地名中也都有"龙"字。你的家乡有没有带"龙"字的河流呢?请找张中国地图,在地图中标出带有"龙"字的河流。这些河流又有哪些传说呢?请你试着收集一些这方面的内容,然后和朋友们交流一下吧!

其实,下雨也好,干旱也好,这些自然现象是受很多因素影响的,根本不是传说中的龙王在作怪。现在,科学家发明了人工降雨的方法,可以有效缓解干旱。

26

第四章

脏水污水往哪儿跑？

- 古今水谈　小村河水今昔谈
- 实践活动　哭泣的小河
- 科学实验　河水COD快速测定
- 拓展天地　污水处理显神威

第四章

古今水谈

小村河水今昔谈

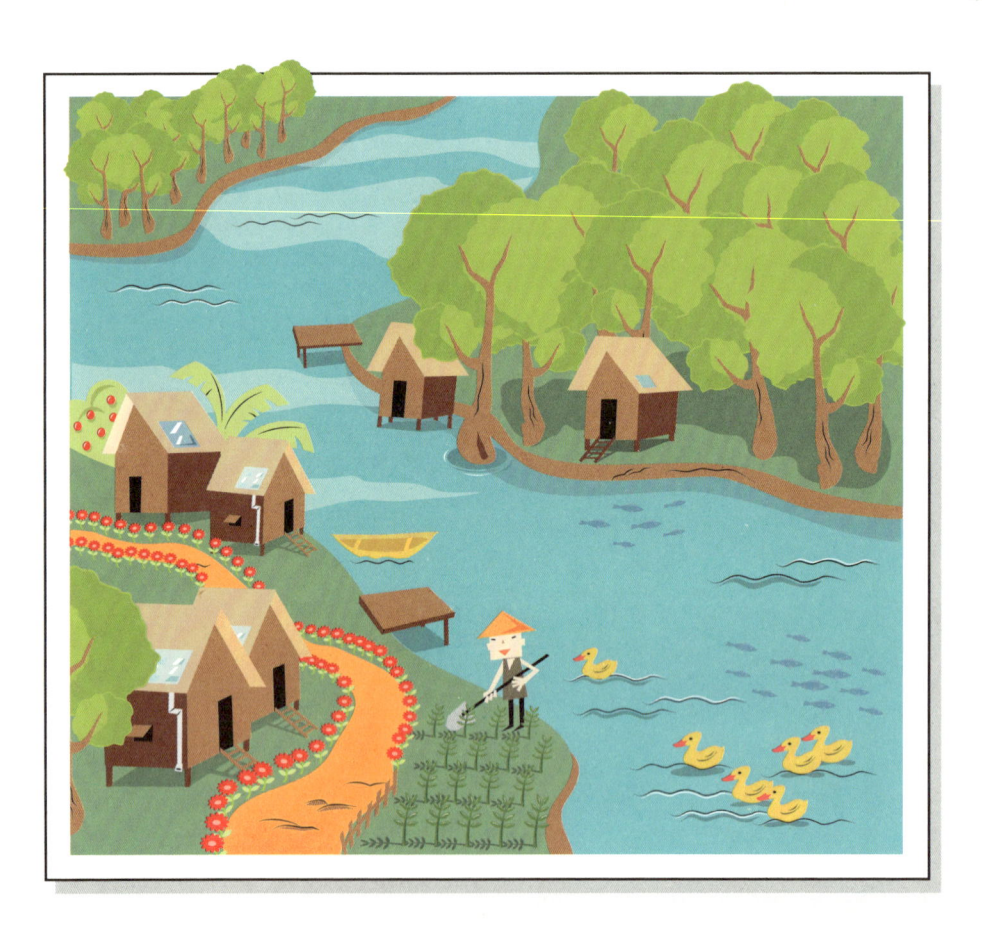

　　从前，有一个山清水秀、鸟语花香的小村庄，美得仿佛世外桃源。这里的人们悠闲安逸，村里有个不成文的约定：上游河水供人们饮用、灌溉；下游河水才可洗涮。

脏水污水往哪儿跑？

但是，随着村里人口的增多，人们对物质的需求也增加了。村民开始大兴土木、发展工业，建设他们自认为的现代化家园。渐渐地，那个不成文的规定被人们淡忘了。于是，砍伐多了，森林悄悄地从人们的视线里消失了，原来的小山村再也没有山清水秀、鸟语花香的景象了，水被污染了，生物栖息地也被破坏了。

原本河流是可以自净的，但是过多的污水超过了河流的自净能力，使干净的河水变得污浊不堪。

村民发现能够直接利用的水越来越少，终于认识到了水污染的严重性。于是村民开始思考如何处理用过的废水。在专家的指导下，对污水进行沉淀、过滤等处理，并对村民进行保护水源的教育，小村庄的水又获得了新生。

第四章

脏水污水往哪儿跑？

谈一谈

1. 看了这组图片，你有什么感受？
2. 在你身边有没有水被污染的情况？如果有，那么水是怎样被污染的？

> 水污染是有害的物质进入水体后，造成水质恶化，而水体的自净能力无法缓解。水污染危害人体健康，也对生态环境造成破坏。

由于我国工农业发展迅速，许多工厂、乡镇企业把未经处理的污水直接排入河流、湖泊，造成了水污染。北方地区因为水资源缺乏，水污染更为严重。淮河、海河和辽河是我国污染较严重的河流。

第四章

实践活动

哭泣的小河

游戏准备

一盆清水，10个小盒，小盒中分别放有：①泥沙；②树叶；③汽油；④钓鱼线；⑤食品包装袋或塑料袋；⑥脏水；⑦洗衣粉；⑧工业废水；⑨食醋（代表酸雨）；⑩不明液体。

提示 不易获得的材料可用性质相近的物品代替。

游戏方法

1. 一名同学讲述《一条小河的故事》。随着故事情节的发展，当轮到自己负责的角色时（老师会叫到一个序号），请每个人走上前来，把对应序号小盒里的东西倒入水槽（在故事中标有序号，每个数字代表一个角色）。

2. 在整个过程中，老师向大家提出问题：这些水可以饮用吗？能在这条河里游泳吗？河边会有野生动物吗？

3. 活动结束后大家一起讨论参加这次活动的感受，分享体会。

脏水污水往哪儿跑？

故事情节

一条小河的故事

春天来了，山上的冰雪慢慢地融化成水，汇入了山间的小河里。持续一段晴天以后，天突然下起雨来。泥土夹杂在雨水里，从河岸源源不断地流入河中①。

雨势渐渐地猛烈起来，刮起了狂风。强劲的风摇撼河边的树木，把树叶纷纷吹落到河里②。

不久，雨过天晴，暖融融的阳光下，来河边游玩的人越来越多。汽艇在河面上飞驰，从发动机中泄漏的油流到河里③。

河边垂钓的人，他的渔线被水底的水草缠住了，渔线和水草纠缠在一起，留在了河底④。

春游的人们在河边野餐，他们遗留下来的白色垃圾很有可能被风或雨水带到河里⑤。

在稍远一些的小镇上，有一片老房子，这些人家的污水排放系统与镇上的不相连。各家排出的污水都流到了河里⑥。

这些人家每周末都会用洗衣机洗衣服，洗衣水也排入河里⑦。如果洗衣粉含磷酸盐，洗衣水排到河中，会使水草疯长，破坏自然界的生态平衡。

河流的下游有个火力发电站，发电站的燃料是煤，发电的同时也产生了大量的工业废水和废气。这些废水直接排入河中⑧，废气则排放到空气中，与空气中的水蒸气发生化学反应，形成酸雨，落到河里⑨。

某个家庭正在忙着收拾车库，他们发现一些不明液体装在一个金属罐里。为了安全起见，他们把不明液体倒入了路旁的排水沟里。就这样，不明液体通过排水沟也流到了河中⑩。

描述：现在呈现在你眼前的小河是什么样子的？
问题：是谁污染了这条河？

第四章 科学实验

河水COD快速测定

化学需氧量（COD）是衡量水中有机物质含量多少的一个指标，主要用于监测水体中有机物的污染状况。一般有机物都可以被微生物分解，但微生物分解水中的有机物时需要消耗氧气，如果水中的溶解氧不足以供给微生物的需要，水体就处于污染状态。COD越大，说明水体受有机物的污染越严重。

材料 COD快速测定试剂盒、水质调查记录表。

方法 选择你家乡的一条河，将河按上、下游或按一定的长度(1~2千米)分段，每组同学负责一段，河流多的地方各组可以选择不同的河流进行测试。

步骤

1. 了解、观察、记录各组负责的水系周围的环境情况。同学们以小组为单位（4人为一小组），组内要分工明确。测试前，先要认真观察河流周围的环境，做好环境描述并记录，如果条件允许可拍成照片或录像。如：附近是否有工厂的排水口、生活污水排水口，水域是否有明显的污染迹象，河水散发出的气味，河流周围植物的生长情况等。

安全提示 这个实验请一定要在家长或老师的陪同下进行。

观察记录

采集水样，测定温度

脏水污水往哪儿跑？

2. 各小组认真对负责的水系进行 COD 检测。

COD 快速测定试剂盒的操作方法：

（1）测定当地气温。

（2）测定水温。

（3）每次取水前先用测试地点的河水冲洗小塑料杯 3 次。

（4）取水样至塑料杯刻线。

（5）取出药品，拔出塑料针头，使药品管放气。

（6）将药品管倒置插入取好水的塑料杯中，将水吸入（一定要完全吸取）。

（7）根据测定的水温，确定反应时间。

10℃——6 分钟

20℃——5 分钟

25℃——4.5 分钟

30℃——4 分钟

（8）根据标准色卡比色，查找数值并记录。

3. 填写水质调查记录表。

水质调查记录表

采样者					
分析者					
采样具体地点					
所属区县	市　　　区　　　村/街道				
采样地周边环境描述（详细）					

采样记录					
采样时间	年　　月　　日　　时　　分				
天气情况					
当地气温（℃）		河水水温（℃）			
水质、水流状况					
COD(mg/L)					
采样位置简图及照片	贴图处（可另外附纸）				

比色

小组汇总

4. 小组汇总。将各个小组的水质调查报告整理汇总。在老师的指导下，分析总结被调查的河流的水质情况，哪段水域的水质最好，原因是什么，造成水质变坏的原因有哪些，如何处理才能使河水变清等。

水的自净能力和人工净化

水质被污染后，水中的氧气和微生物会发挥一定的作用让水质变干净，这叫作"自净能力"，但这种自我净化能力是有限的，需要人工净化的帮助。

35

第四章

拓展天地

污水处理显神威

如果我们把在生活中产生的污水和工厂、矿山、医院产生的废水直接排放到自然界，就会污染环境，给水环境带来沉重的压力，从而影响我们的健康。为了保护我们身边的水资源，使污水变清，我国建设了许多污水处理厂，使污水还清。

污水处理厂是怎样把污水变清的呢？处理过的水我们还能用吗？

污水处理过程

格栅过滤  → 初次沉淀 →

→ 曝气池 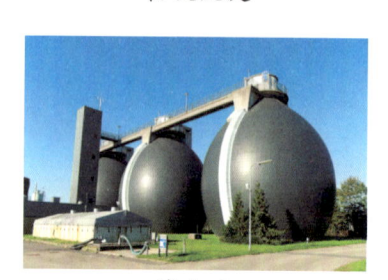 → 消化池 →

→ 二次沉淀  → 中水回灌城市景观河道

脏水污水往哪儿跑？

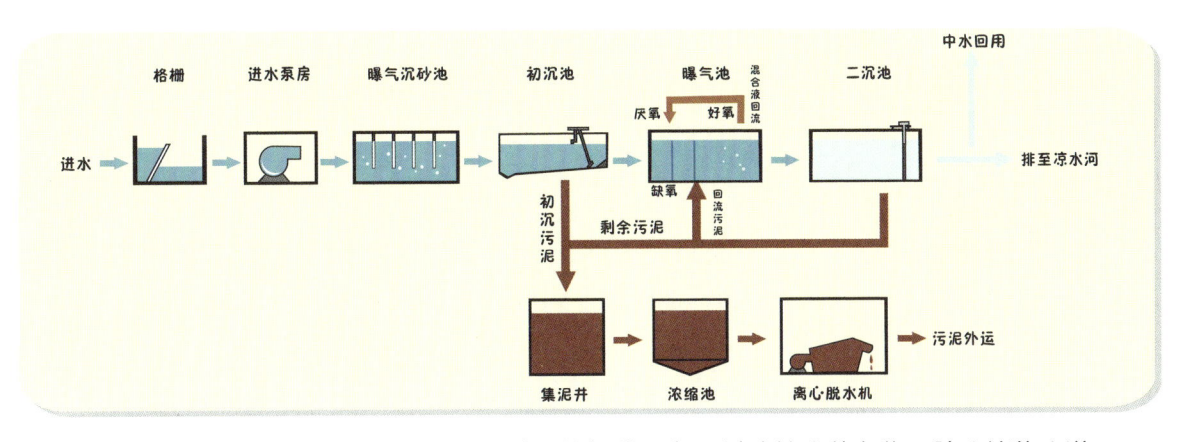

污水进入处理厂后，首先要经过一种叫格栅的设备，过滤掉大的杂物，防止堵住水道。然后，在初次沉淀池中沉淀除出泥沙；再进入曝气池和消化池中，让微生物吃掉脏东西；最后，进入二次沉淀池，沉淀后变成再生水（中水），输送到中水管网或排放到河流里。

污水处理过程中产生的泥饼可以作为农业和园林绿化的肥源；产生的沼气可以用于发电；产生的再生水可以作为工业冷却用水和旅游景观用水及城区绿地浇灌用水，并可用于清洁马路、洗车、冲厕所……注意，再生水是不能饮用的。

再生水（中水）清洁城市马路

北京高碑店污水处理厂

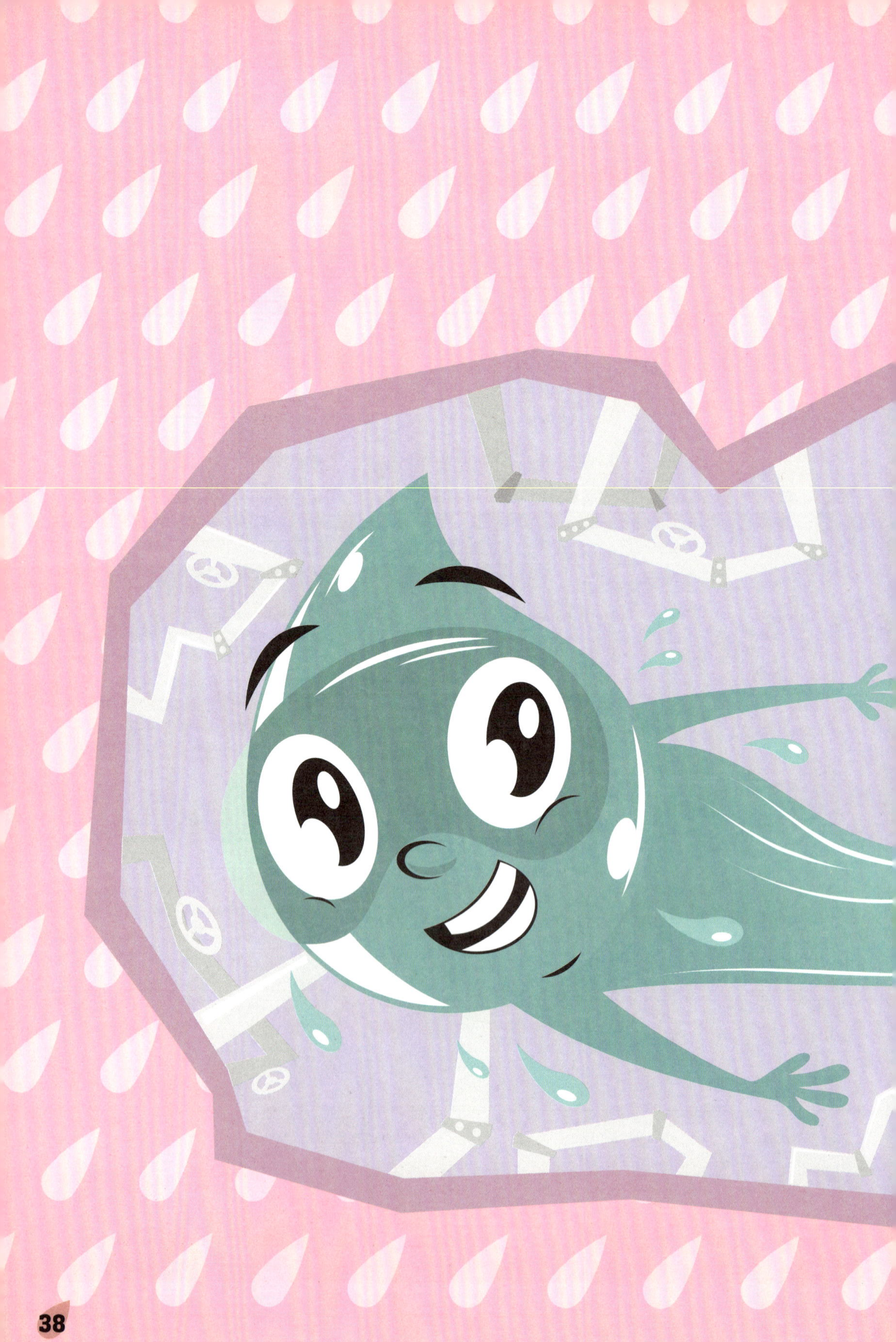

第五章
非自来的自来水

古今水谈 大杂院的水龙头

实践活动 自来水从哪里来？

拓展天地 有效的节水技术——中水

传奇故事 京城的自来水是怎么"来"的？

第五章
古今水谈

"水咧！甜的！"随着水车木轮"吱吱"的转动，街巷里传来"水三儿"（北方对卖水人的俗称）的叫卖声。这是20世纪20—30年代许多城市的街头一景。

那时的水车多为人推的独轮车，车把上还担着两只木桶和一条扁担。"水三儿"们推着千斤重的水车，穿行在大街小巷，再一挑挑地倒进住户的水缸。这种水车是全木质的，就连放水的塞子都是木头的。"水三儿"的能耐就在于必须估摸准水车出水的压力与水桶放的位置，拔下木塞儿，讲究的是滴水不外漏，全都流到水桶里。

住在北方大杂院的人都知道，院中的水龙头是公用的，在这里使用自来水有许多不成文的规矩。水龙头的维护和管理常由大杂院里热心公益的老人承担。

大杂院的水龙头

非自来的自来水

大杂院的水龙头

不是什么东西都可以端到水池子边来洗；即使是洗被单或衣物也要瞅准了水龙头"不忙"的时候；院子里有生小孩、坐月子等特殊情况时，邻里之间还要多一份关照。水龙头又是院子里的社交场合，街面上的大事小情，胡同里的家长里短，都能在水池子边听个八九不离十。

缴水费啦！

最让人操心受累的是冬天。虽然早早地就给水龙头包上了草绳，但是，夜间气温骤降，水龙头还是会被冻住。这时就必须提壶开水浇好一阵儿，才能放出水来。为了防止夜间低温冻坏水管，晚上临睡前还要有人拿着铁钩，趴在水表井边，关闭放水闸门，并放空院里水管中的水。

现在，自来水已经进入了千家万户，非常方便快捷。同学们，你知道你生活的城市是什么时候有自来水的吗？可以到档案馆和水务局去查询。

第五章

实践活动

自来水从哪里来？

每天拧开水龙头，水都会哗啦哗啦地流出来，你有没有好奇地问过爸爸妈妈，自来水是怎么来的？难道真的有魔法让水自己就跑到水龙头里去了？难道水龙头是神奇的宝盒，打开就有水？其实，自来水从水厂出来后，经过管网到水站，在水站用水泵把水抽到一个很高的水塔里，水塔比楼房还高，自来水再从高高的水塔里流入你家里的水龙头。

自来水厂

来看看自来水供水过程吧！

水库　泵站　沉淀池　居民　PH　管道　水塔

　　流进千家万户的自来水，要经过水源地、水处理厂、管网组成的系统，走很长很长的路才来到我们身边。

　　水从水源地抽取上来后并不能直接饮用，由于里面含有各种各样的杂质和细菌，要先到自来水厂经过净化处理才能满足生活饮用及工业生产的需要。

　　处理过的水还要经过至少 30 项检验后才能流出自来水厂。

非自来的自来水

看见了吧，自来水并不是自来的。

检验合格的水，需要通过水泵输送到配水管网，送到千家万户。

可见，自来水并不能"自来"，需要投入很多钱建设水源地、建造水厂、购置处理设备、铺设输水管网等。

纯净水、矿泉水和自来水有什么区别呢？请同学们查查资料，完成这个任务。

除了自来水以外，我们生活中还会用到纯净水、矿泉水等水源。那么，你知道它们有什么区别吗？能不能查些资料来完成下面这个比较表呢？

水	是否含有氯	是否经过人工处理	是否含有矿物质	你还想到哪些不同
自来水				
纯净水				
矿泉水				

好了，通过学习你已经知道自来水是怎么来的了吧！

现在，就请你画出水在自来水厂经过哪些处理才变成了我们可以放心饮用的安全水的。

第五章 有效的节水技术——中水

拓展天地

中水

经过处理后的污水称为中水，通过"中水道"输送可以作为人们的非饮用水。与日常供水的"上水道"和排放污水的"下水道"，共同构成了城市水网。现代小区和公共建筑场所，大都安装了"中水道"，可以有效地利用中水，节约宝贵的水资源。

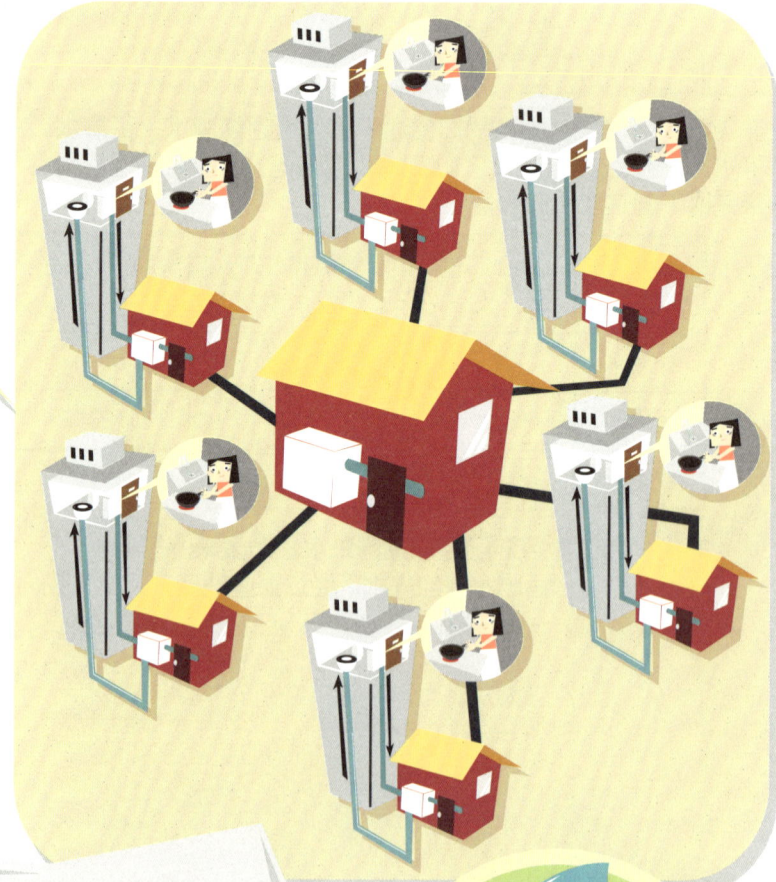

调查你居住的小区是否配有"中水道"。

非自来的自来水

京城的自来水是怎么"来"的？

传奇故事

北京建城已有上千年的历史，古代的北京可没有自来水。那么，北京什么时候开始有自来水的呢？

清末，京城屡遭大火，灾民四处逃生。

天津修建了自来水！

大家都在寻找对付火灾的方法，大缸储水、沙堆扑火、建火神庙祭祀火神等，但仍无济于事。大臣向皇上奏报了天津修建自来水后的便利，并举荐得力官员筹建京城自来水工程。

大家齐心合力修建自来水工程。工程完工后，在市区向市民宣传自来水的好处，并发放"水票"。

宣统年间的水票

清代修建的水塔

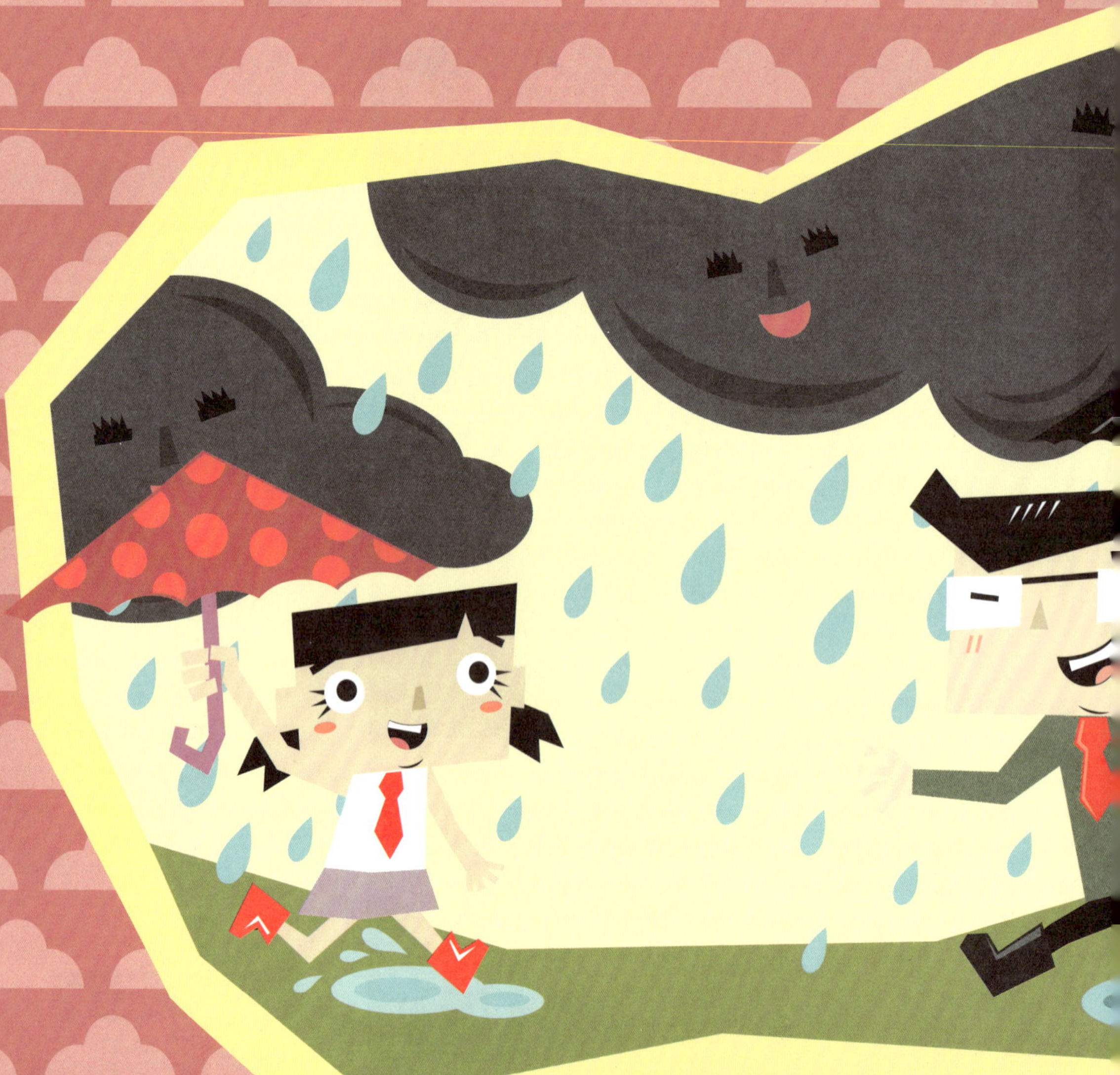

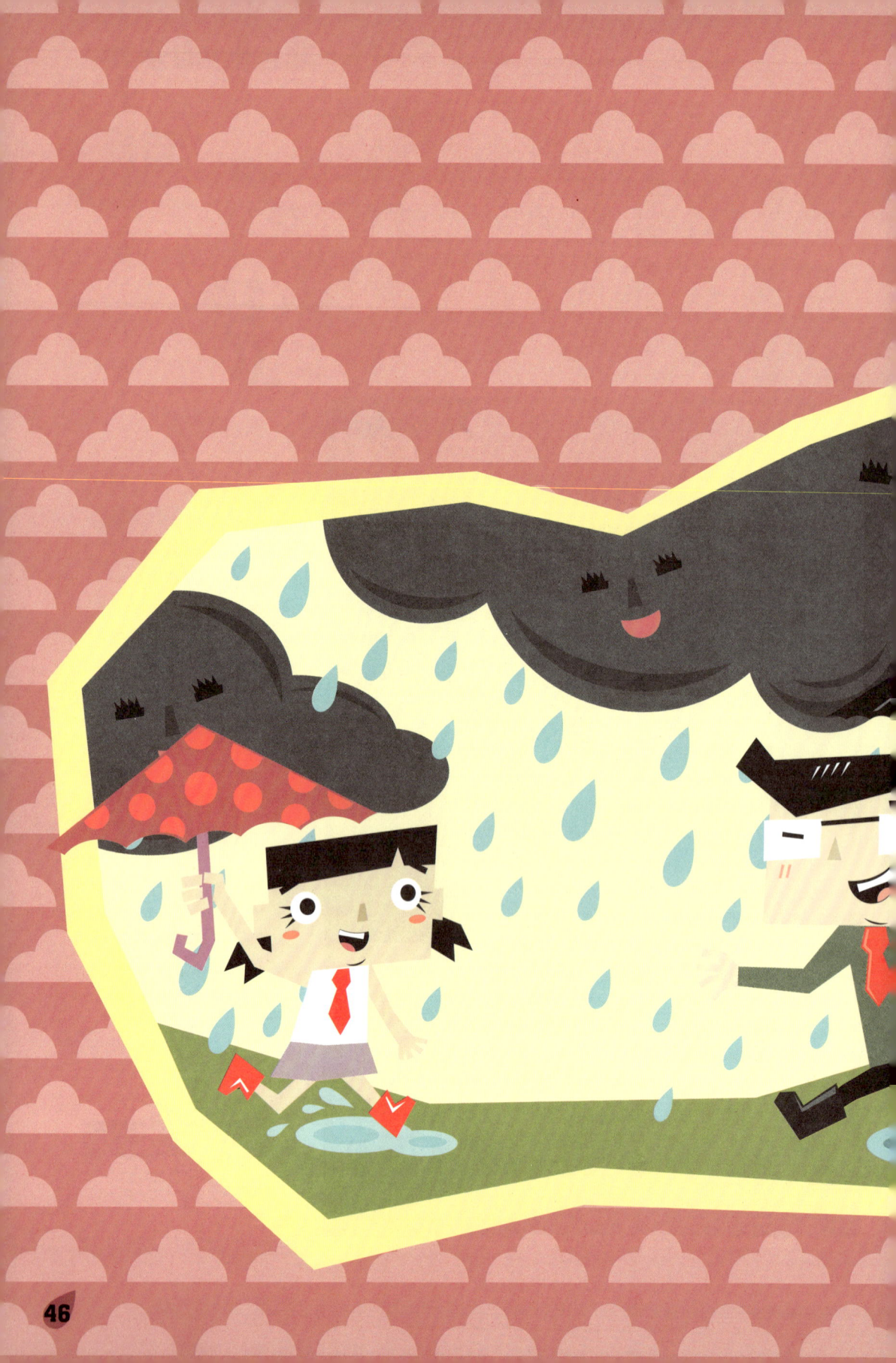

第六章
可以留住的降水

古今水谈 雨水与我们

拓展天地 雨水的利用

实践活动 储存生命之水
巧用蓄水池

科学实验 破解
"团城"之谜

第六章 古今水谈

雨水与我们

> 好雨知时节,当春乃发生。
> 随风潜入夜,润物细无声。

我国古代有很多赞美雨水的诗歌:

"好雨知时节,当春乃发生。随风潜入夜,润物细无声。"([唐]杜甫《春夜喜雨》)
"雨露之所濡,甘苦齐结实。"([唐]杜甫《北征》)
"川上风雨来,洒然涤烦襟。田家共欢笑,沟浍亦已深。"([唐]戴叔伦《喜雨》)
"杨柳又如丝,驿桥春雨时。"([唐]温庭筠《菩萨蛮》)
"雨顺风调百谷登,民不饥寒为上瑞。"([宋]苏轼《荔枝叹》)

> 雨、雪、雹……
> **我们都能利用!**

不管是雨、雪还是冰雹,都统称为降水。从古至今,降水和人们的生活息息相关。降水都到哪里去了呢?有一部分流到江河湖海,还有一部分渗入地下,补充地下水。但是,现在城市里大部分地面被不透水的建筑物和道路覆盖,降水不能顺利地渗入地下去补充地下水;特别是下大雨时,降水不能及时排走,就会造成地面大量积水,影响人们的生活。其实,这时利用一些设施将降水收集起来,就可以避免积水。

可以留住的降水

城市的雨水是可以被广泛收集利用的。

上图是传统民居，屋顶向院内倾斜，可以收集雨水。

雨水收集设计可广泛应用于各种建筑物，如住宅楼和公园。收集的水可用于消防、灌溉、工业冷却、冲马桶、洗车，甚至可以经处理后饮用。

第六章 雨水的利用

拓展天地

让我们来看一看集雨罐怎么使用吧！

屋顶 雨落管 过滤器 初期雨水去除器 多余雨水溢出处 集雨罐 出水口 排污口

集雨罐是收集屋顶雨水的小型储雨装置，可以直接连接在楼房或平房的雨落管下面。

工作流程：

1. 降雨时，屋顶雨水进入雨落管；

2. 刚开始下雨时，雨水进入初期雨水去除器，沉淀杂物和泥土；

3. 去除器装满后溢流进入过滤器，过滤雨水中的微小污染颗粒，形成比较清洁的雨水；

4. 清洁雨水进入集雨罐，多余的雨水会溢出。

同学们，如果你收集到了雨水，你想用这些水干什么呢？把你的想法写下来和同学互相交流一下，看谁的想法最多，谁的想法最独特。

实践活动 储存生命之水 巧用蓄水池

学校实践活动

目的 了解、珍惜水资源，发起储存生命之水——建设水银行活动。

准备
1. 组织同学们收集资料，聘请专家和科普工作者。
2. 设计活动方案。

步骤
1. 与专家一起讨论如何建立一个雨水回收装置。
2. 收集雨水和雪水，建立蓄水池。
3. 用植物、沙粒、焦渣、无纺布等多层过滤使水清洁。
4. 开展水教育活动。

可以留住的降水

科学实验

破解"团城"之谜

团城

第六章

北京团城位于北海公园南侧，它是一座高于地面5米、绿树成荫的城堡。团城有一个奇特之处：当大雨滂沱，道路湿滑泥泞，团城里却只是雨过地皮湿。可找遍团城周长270多米的城墙不见一个泄水口，地面也没有排水明沟。更为奇特的是团城上的树从来不用人工浇水，却枝繁叶茂茁壮成长，好多古树已有几百年的历史。这究竟是怎么回事？团城里的雨水都跑到哪里去了？

团城

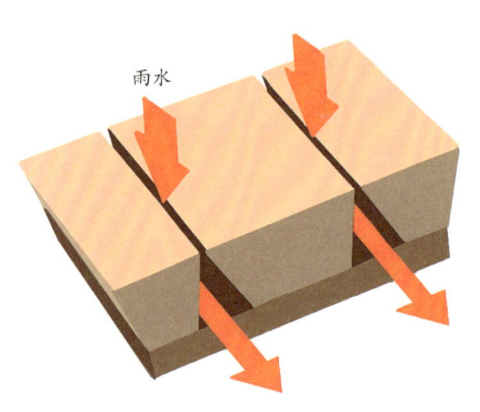

倒梯形砖

雨水口

后来，人们发现了团城地砖的与众不同，它不像普通的砖那样方方正正，而是上大下小，砖与砖之间形成一个三角形的缝隙。这些缝隙中没有灰浆，形成一些通道。砖下面的衬砌物又松又软，透水性特别好。这样的设计很容易将雨水引入地下，及时给树补水，保证了土

团城的地砖

可以留住的降水

团城的步行台阶

茂盛的绿植

壤表层的通气和蒸发作用。另外，团城里还有9个雨水口，地下有涵洞相连，也用来收集雨水。当雨特别大时，可以通过雨水口把水储存起来，这就是团城的雨水灌排系统。可见，几百年前我们的祖先设计团城时非常科学，巧妙的排水设计充分地考虑了团城中建筑物的安全，保证了树木的生长。

在你生活的地方仔细搜索一下，有没有类似团城这样的雨水利用工程？

54

第七章
淡水黄金孰珍贵？

- 古今水谈　高亮赶水
- 实践活动　我们的拍卖会
- 拓展天地　海水淡化之路
- 科学实验　浑水复原

第七章

古今水谈

高亮赶水

传说几千年以前北京是一片苦海，有个冒着苦水的海眼。海平面越来越高，人们退居山上。苦海里住着龙王、龙婆、龙儿、龙女一家。

在这里，人们生活特别困苦，衣衫褴褛、骨瘦如柴、家徒四壁。

小英雄哪吒封闭了冒着苦水的海眼，人们才又喝上了甜水，于是逐渐在这里安了家。龙王非常生气，准备把水收回来。

龙王一家扮作乡下人混进了城里。龙儿把城里所有的甜水都给喝干了；龙女则把城里所有的苦水都给喝净了。随后，龙儿、龙女变成了两只鱼鳞水篓。龙王一家偷偷跑出了城。

淡水黄金孰珍贵？

人们发现水井都干涸了，非常着急。这时有个叫高亮的年轻木匠自告奋勇去寻水。

高亮往前直追龙王到了玉泉山前，一枪扎破了盛苦水的水篓。苦水哗的一下就流了出来。高亮还没跑回北京城就被大水淹没了。后来，人们在传说高亮去世的地方修了一座桥，就叫"高亮桥"，这里就是现在北京西直门附近的"高梁桥"。

从此，北京城里的井又有了水，可大部分是苦水。甜水叫龙王带到玉泉山了。

城市周边的山区，风景秀美，更有很多清澈的泉水。于是吸引了许多城市居民到山中取水。北京阳台山自然风景区的泉水也有同样的境遇。

阳台山自然风景区位于北京海淀区北安河乡境内。阳台山自古以来就是著名的自然风景区，金代章宗时期，享有盛名的"西山八大水院"中的金水院（金山寺）、香水院（法云寺）、清水院（大觉寺）都在阳台山一带。阳台山的泉水质量非常好，富含微量元素，不含水碱，当地人烧水的水壶用了几年一点儿水碱都没有。泉水的流量每天有三十吨左右。每天都有许多人来这里背水，他们有的是乘公共汽车远道而来，有的则是自驾车前来。大部分人是每周来一次，多的一次要背走 25 升水。现在汽车可以一直开到距泉水 30 米的地方。

为什么人们不去购买矿泉水、纯净水、富氧水，却要去山里取水后很辛苦地背回家呢？仅仅是因为不花钱吗？大量的山泉水被取走对生态环境是否有影响呢？

建议对取水人进行采访，弄清楚以下问题：
为什么要到这里取水？
大约多长时间来一次？
这些水的用处是什么？
你认为水会不会越取越少？
……
讨论：城市里的人到郊区背水喝是文明的生活方式吗？

第七章

实践活动 我们的拍卖会

水滴一家高高兴兴地乘坐豪华游艇出国旅游，结果船撞到冰山，沉没了。庆幸的是，水滴一家及其他幸存者死里逃生，来到了一个荒岛，但是岛上没有淡水。

他们清理了一下从船上带来的物品，为了公平起见，大家决定在荒岛上召开一次拍卖会。

拍卖物品

一颗钻石、一套高级时装、一瓶矿泉水、一套高档化妆品、一个掌上游戏机、四盒火柴、漫画书等。

大家聘请水滴爷爷做拍卖官，制定拍卖规则。

根据人数的多少来分组，协商后每个小组派一个组员做竞买者，每个小组各有1万块钱，购买什么物品，什么价格都由小组商议决定，价高者得。拍出的物品概不退换。

淡水黄金孰珍贵？

为什么要花这么高的价格购买这件物品？

在这些物品中，最有价值的物品是什么？为什么？

如果再拍卖一次，拍卖地点改变，大家来到豪华酒店，同样的物品，还是每组1万元，大家将如何购买？

两次购买的东西为什么会有这么大的不同？造成这种结果的根源是什么？

这次拍卖会最大的收获是什么？

在超市里买一瓶矿泉水多少钱？家里的自来水一吨多少钱？一瓶矿泉水可以买多少自来水？这些自来水都能做什么用？

> 地球的表面有71%的面积被水覆盖，地球叫水球才恰当。可是，我们居住的这个水球上，好多地区和国家都发生了水资源危机。预计到2025年，全球生活在水缺乏地区的人口将增加到世界人口的一半。

让我们来比较古人和现代人的用水量。思考：同样是为了生活，为什么现代人就要用那么多的水？

同学们，地球的总水量并不少，为什么现在总是觉得缺水呢？

地球的人口越来越多了。例如，在我国古代，清朝时人口最多，也才4亿多，而现在的人口早已经超过了14亿。而且，现代生活的用水量也增加了。这就是为什么我们感觉越来越缺水了。

古代　　现代

第七章

拓展天地 海水淡化之路

海水是咸的，不能饮用。人类能不能从浩瀚的海洋中提取出淡水呢？海水淡化是人类追求的一个梦想。

表面看海水淡化很简单，只要将海水中的盐提取出来即可。最简单的方法是蒸馏：将水蒸发而盐留下，再将水蒸气冷凝为液态淡水。另一个海水淡化的方法是冷冻法：冷冻海水，使之结冰，在液态淡水变成固态的冰的同时，盐被分离了出去。但是，两种方法都有难以克服的弊病。蒸馏法会消耗大量的能源，并在仪器里产生大量的锅垢，得到的淡水却并不多。冷冻法同样要消耗许多能源，得到的淡水味道不佳，难以饮用。

1953年，一种新的海水淡化方式问世了，这就是反渗透法。这种方法利用半透膜来达到将淡水与盐分离的目的。在通常情况下，半透膜允许溶液中的溶剂通过，而不允许溶质透过。要得到淡水，只要对半透膜中的海水施以压力，就会使海水中的淡水渗透到半透膜外，而盐被膜阻挡在海水中。这就是反渗透法。反渗透法最大的优点是节能，生产同等质量的淡水，它的能源消耗仅为蒸馏法的1/40。

人们又想出好办法来改进蒸馏法。把经过适当加温的海水，送入人造的真空蒸馏室中，海水中的淡水急速蒸发，变成水蒸气。现在世界上的大型海水淡化工厂，大多采用这种新式蒸馏法。特别是波斯湾沿岸地区的国家，淡化海水已经占到了本国淡水使用量的80%~90%。

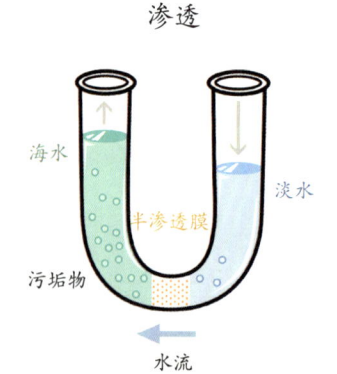

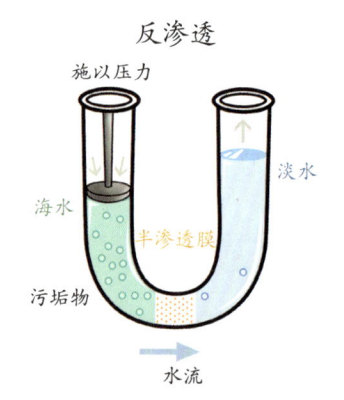

中东地区靠近大海的沙漠国家，利用海水生产淡水。

渗透　　　反渗透

淡水黄金孰珍贵?

浑水复原

科学实验

你能让浑浊变色的水恢复原样吗?

1. 准备 3 个烧杯，每个烧杯中都有半杯浑浊的水，水上漂着几片树叶。
2. 第 1 杯浑浊的水放在桌子上，进行观察。
3. 第 2 杯浑浊的水通过漏斗上的滤纸或棉花进行过滤，观察过滤后水的情况。
4. 第 3 杯浑浊的水中加入一些三氯化铁或明矾，观察水的变化。

实验	观察结果
第一杯水	
第二杯水	
第三杯水	

我的收获

　　如果这 3 杯浑浊的水还带着不同的颜色，甚至有泡沫，发出难闻的味道，你能去除它们吗?

　　可以用刚才的方法再试一次，看看污水会发生什么变化? 请把观察结果记录下来。

　　两次实验，同样的处理方法，结果有什么不一样?

我的收获

61

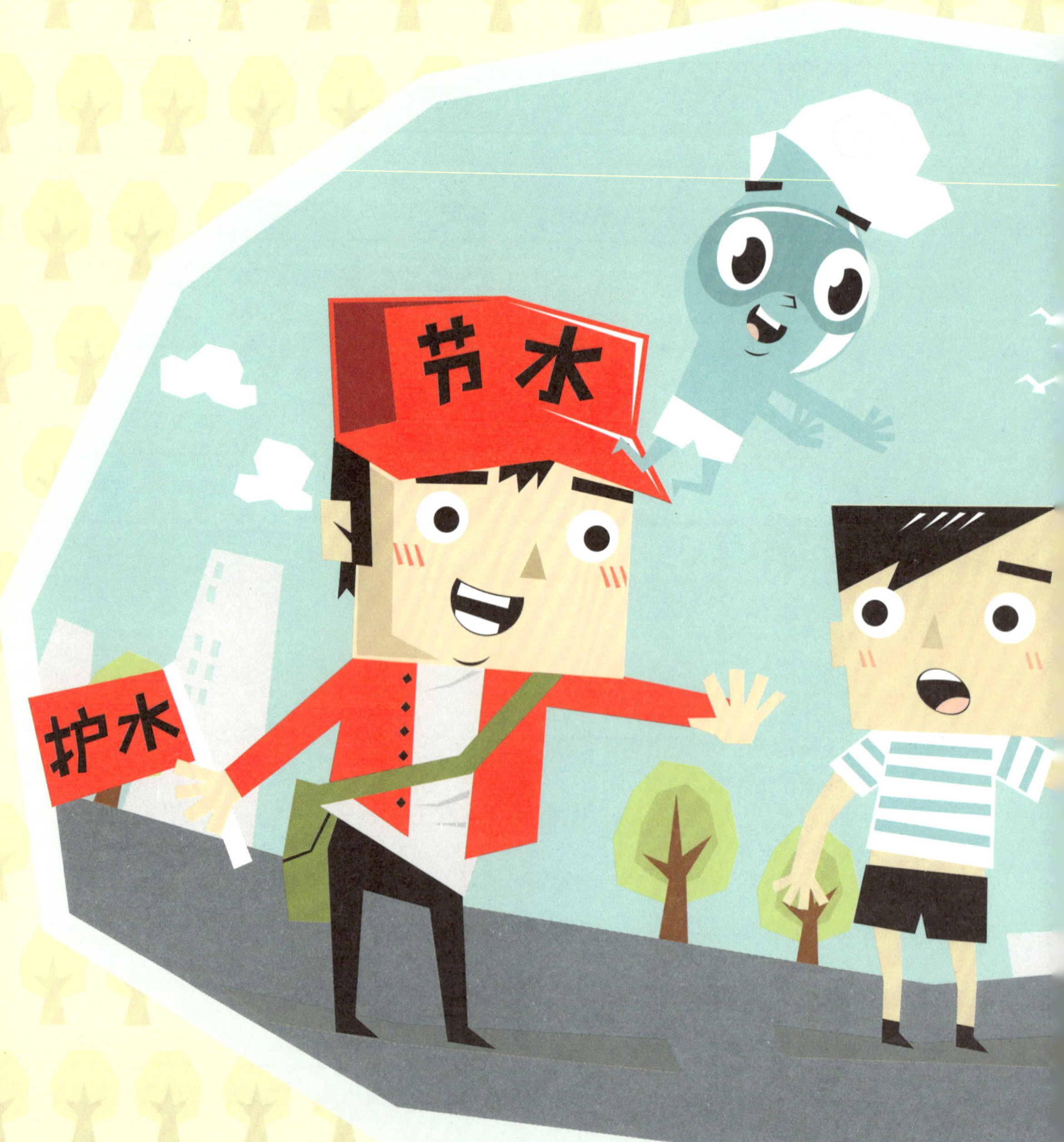
节水
护水

第八章 节水护水 我行动

古今水谈 上善若水

科学小剧 地下水被污染了怎么办？

科学实验 探究城市雨水口堵塞的原因

实践活动 节水的办法

第八章 上善若水

古今水谈

> 同学们听过"上善若水"这句话吗？它是老子《道德经》里的一句话，意思是"美好的道德像水一样"，源远流长，生生不息。水有许多优秀的品质值得我们学习！

"上善若水"出自老子的《道德经》，老子用水来比喻有高尚品德的人。老子认为：最善良的人就应该像水一样，造福万物，滋养万物，却不与万物争高下，这才是最为谦虚的美德。水的包容、坚韧和勇敢在大自然和生活中都有体现，我们要珍惜水，保护水，让水资源更好地造福人类。

节水护水我行动

包容

水是世界上最好的溶剂，地球上的许多物质都能被水溶解。

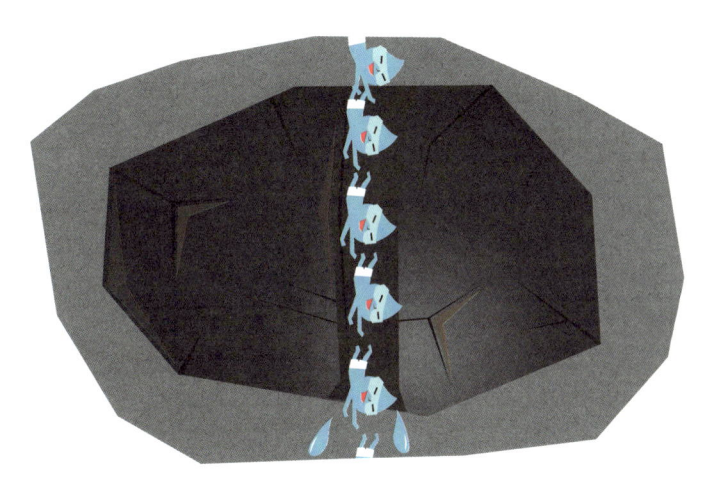

坚韧

水是世界上最柔的东西，虽柔但能穿石。

勇敢

水很有气势、也很勇敢；瀑布很壮观，水滴直落千丈，不怕粉身碎骨。

造福

水是世界上最珍贵的物质，始终如一地滋养、造福人类。

第八章

科学小剧

地下水被污染了怎么办？

地下水被污染了！

你可能把地下水想象成地表下面一个巨大且静止的大池塘。但是，事实并不像你想的那样，地下水也在不停地运动。含水层对地下水有过滤清洁的作用，但有些含水层的水一天只能移动几厘米，照这样计算，一年移动的距离非常有限。因此，地下水被污染后很难恢复。

如果我们把某个地方的地下水源污染了，还极有可能把更深层的地下水也污染了。

节水护水我行动

探究城市雨水口堵塞的原因

科学实验

目的 调查道路雨水口堵塞的原因。
比较平箅式雨水口与立箅式雨水口的优劣。
探讨解决雨水口堵塞的办法。

平箅式雨水口

准备 观察、收集关于道路雨后积水问题的有关报道及相关资料。
制定调查路线（依据主、辅干道雨水口的多少）。

工具 照相机、卷尺、手电筒、纸笔（调查用）、雨水口模型、小水泵、秒表、量杯、水平尺、胶带（模型制作用）等。

立箅式雨水口

步骤 1. 咨询
雨水口是否可以同时排放污水？
平箅式雨水口与立箅式雨水口的区别及其优劣。

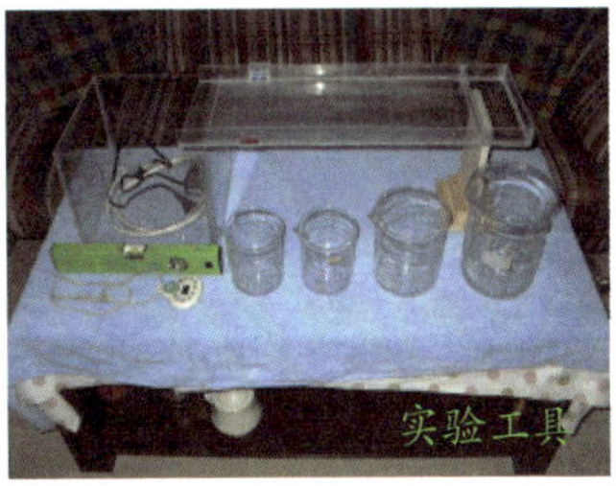

实验工具

2. 调查
沿着制定好的路线逐个雨水口查看并进行状况记录。
对有代表性的雨水口进行拍照，问询当地清洁工雨水口的利用情况。
调查后制作一张表格，把调查的状况总结出来。

序号	地点	选点属性
1	长安街	大型街道（平箅式雨水口）
2		
3		
4		
5		

67

第八章

3. 实验

（1）用胶带封住立算式雨水口模型，测试平算式雨水口的过水量。

①用水泵抽水，出水口不加挡板，测试算前水位1毫米时的过水量。在雨水口下放一量杯接水，用秒表计时15秒，记录下量杯中的水量；反复做三次，记录下三组数据，取其平均值；

②用水泵抽水，出水口加一个3毫米高的挡板，测试算前水位3毫米时的过水量。用秒表计时15秒，记录下量杯中的水量；反复做三次，记录下三组数据，取其平均值；

③用水泵抽水，出水口加一个6毫米高的挡板，测试算前水位6毫米时的过水量。用秒表计时15秒，记录下量杯中的水量；反复做三次，记录下三组数据，取其平均值；

④用水泵抽水，出水口加一个9毫米高的挡板，测试算前水位9毫米时的过水量。用秒表计时15秒，记录下量杯中的水量；反复做三次，记录下三组数据，取其平均值。

（2）用胶带封住平算式雨水口模型，测试立算式雨水口的过水量。实验方法同上：每种算前水位记录三组数据，取其平均值。

（3）整理记录数据，绘成曲线图。

4. 研究结果整理

平算式（立算式）过水量实验结果

水深（毫米）	实验时间（秒）	第一次（毫米）	第二次（毫米）	第三次（毫米）	平均（毫米）	流量（毫升/秒）
0						
1						
3						
6						
9						

节水护水我行动

根据不同的过水量结果进行曲线图的比较。

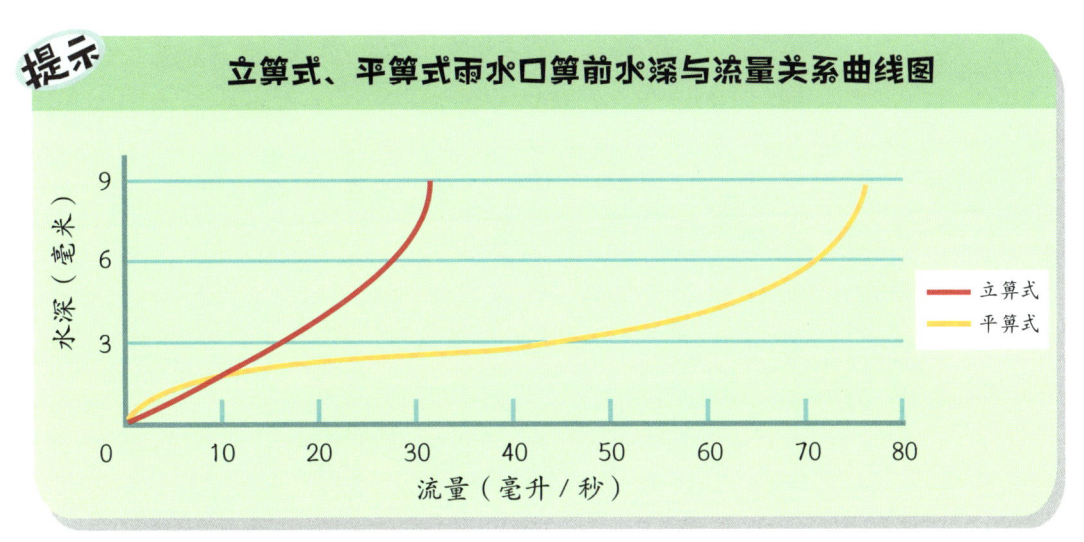

提示

立箅式、平箅式雨水口箅前水深与流量关系曲线图

（图中：横轴 流量（毫升/秒），纵轴 水深（毫米），红色曲线为立箅式，黄色曲线为平箅式）

由上图能够发现：
用立箅式雨水口水流量受限制，但是可以有效地挡住垃圾；
用平箅式的雨水口可以增大流水量，可是垃圾也容易掉进去堵住雨水口。
同学们，你们有什么办法解决吗？

5. 分析和总结

根据观察、调查、实验等方面的研究，可以得出：

提示 垃圾、杂物掉进雨水口是造成雨水口堵塞的主要原因，垃圾的来源一是人为的因素，人们对雨水口的认识不足、公德意识较差，往雨水口中扔垃圾的现象较普遍；二是平箅式雨水口自身的缺陷造成它较容易掉进垃圾，又有对车辆行人影响大、占道、造成路面施工困难等缺点。

因此建议：
1. 提高大家对雨水口的认知程度，提高人们的环保意识，树立主人翁意识；

2. _____

3. _____

第八章

实践活动

节水的办法

省水三十六计

妙计一

新建房屋请采用节水马桶；将耗水型马桶换装二段式冲水配件。

妙计二 留意与检查马桶是否漏水。先将进水三角阀关闭，观察水箱水位高度是否降低，如有漏水，应尽快更换止水橡皮盖。

妙计三 莲蓬头及水龙头如水量过大，应加装适当的节流装置。

妙计四 将橡皮阀水龙头换装精密陶瓷阀水龙头，缩短水龙头开关时间以减少漏水，并延长水龙头的寿命。

妙计五

随手关紧水龙头，以节省水资源。

节水护水我行动

妙计六 定期检查水塔、蓄水池或其他水管接头有无漏水情形。

妙计七 洗澡采用淋浴,并使用低流量莲蓬头(淋浴时间以不超过5分钟为宜)。

妙计八 洗碗、洗菜、洗衣,应放适量的水在盆槽内洗涤,避免用水龙头直接冲洗,以减少用水量。

妙计九 利用洗米水、煮面水洗碗盘,可节省生活用水并减少洗涤剂的用量,减少环境污染。

妙计十 洗菜水、洗衣水及洗澡水等可用来洗车、擦洗地板或冲马桶。

你还有什么锦囊妙计,拿出来给大家看看吧!

我们可以成为科学用水的小英雄。